50 exercices de math à faire pendant les vacances.

Fin du premier degré du secondaire en Belgique
(fin de la 2e année du secondaire)

Un cahier de remédiation, de renforcement et de consolidation.

Albert Ycopin & Armand Alberico

Dans la même collection

CE1D Sciences: ÉTUDIER EN S'AMUSANT édition 2021

Exercices de CE1D sciences à faire pendant les vacances: Un cahier de remédiations, de dépassement et de consolidations.

CE1D mathématiques: Exercices de mathématiques à faire pendant les vacances

Le CE1D Sciences avec succès : notions de théorie: Tous les mots-clefs expliqués simplement pour réussir son examen

CE1D mathématiques: Exercices de mathématiques qui font peur à faire pour Halloween.

Le livre pour s'entrainer aux conversions d'unités: Volume, surface, distance et masse

Livres conçus par Albert Ycopin
avec les conseils de Armand Alberico

© 2022 Albert Ycopin.
6010 Charleroi, Belgique

Introduction

Vous trouverez dans ce livre un ensemble d'exercices qui reprennent l'ensemble des savoirs et savoirs faire abordés au cours de mathématiques en premier et deuxième année du secondaire en Belgique.

L'ensemble du travail proposé est composé d'exercices ne dépassant pas 15 minutes de réalisation. Sur deux mois de vacances à raison de 15 minutes par jour, l'élève aura travaillé 15,5 heures soit l'équivalent de 3 mois de cours (à raison de 3h par semaine).

Plusieurs tests en classe ont montré que :

- les élèves ayant des difficultés en mathématiques qui réalisent ce travail durant les grandes vacances obtiennent de meilleurs résultats en mathématiques en 3e année secondaire par rapport au même type d'élève qui ne l'utilise pas.

- les élèves ayant des difficultés en mathématiques qui réalisent ce travail avant leur CE1D augmentent leur moyenne et obtiennent de meilleurs résultats en mathématiques en 3e année secondaire par rapport au même type d'élève qui ne l'utilise pas.

Ce livre doit être envisagé comme une aide pour rattraper un retard, préparer un CE1D ou un examen de passage ou simplement consolider ses compétences pour l'année suivante.

Le travail est la clef de la réussite.

Bon courage et bon travail.

Les compétences spécifiques aux mathématiques dans le 1e degré

Les compétences citées ici sont à maitriser pour réussir son CE1D.

Les compétences relatives à la maitrise des mathématiques s'exercent dans quatre grands domaines :

- Les nombres
- Les solides et figures
- Les grandeurs
- Le traitement de données »

Dans l'univers des nombres :

Compter, dénombrer, classer

Compétences
Dénombrer par un calcul et le cas échéant par une formule
Classer (situer, ordonner, comparer) des entiers, des décimaux et des fractions munis d'un signe.

Organiser les nombres par familles

Compétences
Décomposer et recomposer.
Relever des régularités dans des suites de nombres.

Calculer

Compétences
Identifier et effectuer des opérations dans des situations variées avec des entiers, des décimaux et des fractions munis d'un signe. Y compris l'élévation à la puissance
Utiliser des propriétés des opérations.
Effectuer un calcul comportant plusieurs opérations à l'aide de la calculatrice.
Utiliser l'égalité en termes de résultat et en termes d'équivalence.
Respecter les priorités des opérations.
Utiliser les conventions d'écriture mathématique.
Transformer des expressions littérales, en respectant la relation d'égalité et en ayant en vue une forme plus commode.
Construire des expressions littérales où les lettres ont le statut de variables ou d'inconnues.
Résoudre et vérifier une équation du premier degré à une inconnue issue d'un problème simple.
Calculer les valeurs numériques d'une expression littérale.
Utiliser, dans leur contexte, les termes usuels et les notations propres aux nombres et aux opérations.

Les solides et figures

Repérer

Compétences
Associer un point à ses coordonnées dans un repère (droite, repère cartésien).

Reconnaitre, comparer, construire, exprimer

Compétences
Reconnaitre, comparer des solides et des figures, les différencier et les classer sur base des éléments de symétrie pour les figures et sur base de leurs éléments caractéristiques pour les solides.
Tracer des figures simples en lien avec les propriétés des figures et des instruments y compris le rapporteur.
Connaitre et énoncer les propriétés des diagonales d'un quadrilatère.
Associer un solide à sa représentation dans le plan et réciproquement (vues coordonnées 2, perspective cavalière, développement).
Construire un parallélipipède en perspective cavalière.
Dans une représentation plane d'un objet de l'espace, repérer les éléments en vraie grandeur.

Dégager des régularités, des propriétés, argumenter

Compétences
Dans un contexte de pliage, de découpage, de pavage et de reproduction de dessins, relever la présence de régularités. Reconnaitre et caractériser une translation, une symétrie axiale et une rotation.
Décrire les différentes étapes d'une construction en s'appuyant sur des propriétés de figures, de transformations.
Reconnaitre et construire des agrandissements et des réductions de figures en s'appuyant sur les propriétés de proportionnalité et de parallélisme.
Relever des régularités dans des familles de figures planes et en tirer des propriétés relatives aux angles, aux distances et aux droites remarquables.
Décrire l'effet d'une transformation sur les coordonnées d'une figure.
Comprendre et utiliser, dans leur contexte, les termes usuels propres à la géométrie pour énoncer et argumenter.

Les grandeurs

Comparer, mesurer

Compétences
Mesurer des angles.

Opérer, fractionner

Compétences
Composer deux fractionnements d'un objet réel ou représenté en se limitant à des fractions dont le numérateur est un (par exemple, prendre le tiers du quart d'un objet).
Dans une situation de proportionnalité directe, compléter, construire, exploiter un tableau qui met en relation deux grandeurs.

Opérer, fractionner

Compétences
Reconnaitre un tableau de proportionnalité directe parmi d'autres.
Déterminer le rapport entre deux grandeurs, passer d'un rapport au rapport inverse.

Le traitement de données

Compétences
Interpréter un tableau de nombres, un graphique, un diagramme.
Représenter des données, par un graphique, un diagramme.
Déterminer un effectif, un mode, une fréquence, la moyenne arithmétique, l'étendue d'un ensemble de données discrètes.
Dans une situation simple et concrète (tirage de cartes, jet de dés…) estimer la fréquence d'un évènement sous forme d'un rapport.

Sommaire

Dans la même collection..3

Introduction 5

Les compétences spécifiques aux mathématiques dans le 1e degré 7

Sommaire..14

À faire sans Calculatrice

Exercice 1..17
Exercice 2..18
Exercice 3..19
Exercice 4..20
Exercice 5..21
Exercice 6..22
Exercice 7..23
Exercice 8..24
Exercice 9..25
Exercice 10..26
Exercice 11..27
Exercice 12..28
Exercice 13..29
Exercice 14..30
Exercice 15..31
Exercice 16..32
Exercice 17..33
Exercice 18..34
Exercice 19..35
Exercice 20..36
Exercice 21..37
Exercice 22..38
Exercice 23..39
Exercice 24..40

Calculatrice autorisée

Exercice 25 Calculatrice autorisée 41

Exercice 26 Calculatrice autorisée 42

Exercice 27 Calculatrice autorisée 43

Exercice 28   Calculatrice autorisée 44

Exercice 29 Calculatrice autorisée 45

Exercice 30 Calculatrice autorisée 46

Exercice 31 Calculatrice autorisée 47

Exercice 32 Calculatrice autorisée 48

Exercice 33 Calculatrice autorisée 49

Exercice 34 Calculatrice autorisée 50

Exercice 35 Calculatrice autorisée 51

Exercice 36 Calculatrice autorisée 52

Exercice 37 Calculatrice autorisée 53

Exercice 38 Calculatrice autorisée 54

Exercice 39 Calculatrice autorisée 55

Exercice 40 Calculatrice autorisée 56

Exercice 41 Calculatrice autorisée 57

Exercice 42 Calculatrice autorisée 58

Exercice 43 Calculatrice autorisée 59

Exercice 44 Calculatrice autorisée 60

Exercice 45 Calculatrice autorisée 61

Exercice 46 Calculatrice autorisée 62

Exercice 47 Calculatrice autorisée 63

Exercice 48 Calculatrice autorisée 64

Exercice 49 Calculatrice autorisée 65

Exercice 50 Calculatrice autorisée 66

Correction des exercices 67

Exercice 1

CALCULE.

$42 + 4 \times 5^2 =$

$(32 : 4) \times 3 =$

$(4 - 7)^3 + 2 =$

$(28 : 2) \times (5 - 3) =$

$33 - 4 \times 2^3 =$

$46 - 5 \times 2^3 =$

$4 \times (5 - 8)^2 + 5 =$

$42 : 3 \times 2 =$

$(-4)^3 - (-2)^4 =$

$22 + 3 \times 7^2 =$

Exercice 2

ORDONNE les nombre ci-dessous en les classant du plus petit au plus grand

$\dfrac{1}{5}$ -8 $0,3$ $-\dfrac{3}{2}$	….. < …. < …. < ….
12 3^3 -2^3 -5^2	….. < …. < …. < ….
$0,5$ $\dfrac{1}{4}$ $-\dfrac{2}{6}$ $-0,2$	….. < …. < …. < ….
$\dfrac{6}{4}$ $-\dfrac{9}{2}$ $\dfrac{3}{5}$ $-\dfrac{3}{4}$	….. < …. < …. < ….
2^5 4^2 3^4 7^2	….. < …. < …. < ….

Exercice 3

ÉCRIS l'exposant sur les pointillés.

$(h^2)^3 = h^{...}$

$h^3 \times h^{...} = h^6$

$(2^3)^5 = 2^{...}$

$5^2 \times 18^3 = 90^{...}$

$6^6 : 6^3 = 6^{...}$

$5^{12} \times 5^3 = 5^{...}$

$(5-8)^2 \times (5-8)^7 = (5-8)^{...}$

$(42^2)^4 = 42^{...}$

$(-4)^{13} : (-4)^4 = (-4)^{...}$

$7^7 \times 7^2 = 7^{...}$

Exercice 4

ENCADRE $\dfrac{13}{5}$ par deux nombres entiers consécutifs.

$$< \dfrac{13}{5} <$$

ENCADRE $\dfrac{7}{4}$ par deux nombres entiers consécutifs.

$$< \dfrac{7}{4} <$$

ENCADRE $\dfrac{8}{9}$ par deux nombres entiers consécutifs.

$$< \dfrac{8}{9} <$$

ENCADRE $\dfrac{28}{6}$ par deux nombres entiers consécutifs.

$$< \dfrac{28}{6} <$$

ENCADRE $\dfrac{13}{2}$ par deux nombres entiers consécutifs.

$$< \dfrac{13}{2} <$$

Exercice 5

Catherine laisse tourner son moteur de voiture et mesure la température à certains moments

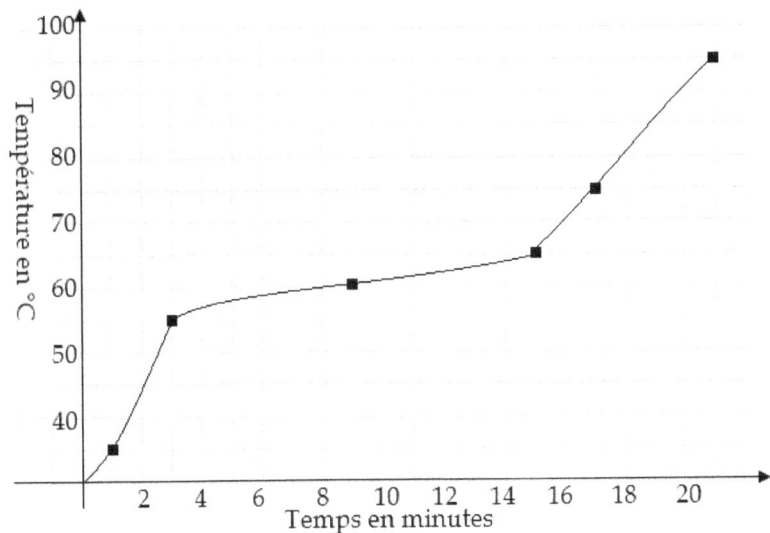

COMPLÈTE le tableau suivant

Temps	Température du moteur
9 minute	
0,25 heure	

La température est-elle proportionnelle à la durée d'utilisation du moteur ?

ENTOURE :   Oui   Non

JUSTIFIE ta réponse

Exercice 6

CALCULE en écrivant toutes les étapes

ÉCRIS ta réponse sous la forme d'une fraction irréductible.

$$\frac{-4}{5} - \frac{1}{3}$$

$$-\frac{2}{7} \times \frac{-42}{6}$$

$$\frac{6}{7} \times \frac{2}{3}$$

$$\frac{-4}{9} + \frac{3}{5}$$

$$\frac{7}{3} - \frac{12}{4}$$

Exercice 7

EFFECTUE les opérations suivantes et, si possible, **RÉDUIS** les termes semblables.

$a^2 + 12a^2 =$

$-7u \cdot (u - 5) =$

$-3z - 8k - z + 5k =$

$(3h - 2) \cdot (3h + 2) =$

$a - (a - 5) =$

$(t - 6)^2 =$

$3p \cdot 8p^2 =$

$3 \cdot (8 + m) + 6m =$

$4a^2 + 5m + (3a \cdot a) + 2 =$

$4t \cdot (-t + 2) =$

Exercice 8

Sur la figure ci-dessous :

TRACE le triangle JUS isocèle rectangle en J.

TRACE la droite d parallèle au segment [UJ] passant par le point S.

TRACE la hauteur h relative à l'hypoténuse.

NOMME M le point d'intersection des droites h et d.

TRACE le cercle dont [JM] est le diamètre.

Exercice 9

RÉSOUS les équations en écrivant les étapes.

$3(x-4)+5=6$	$3x-11=29+23x$
$2x-1=5(x+2)$	$2x-2=13+12x$
$2-(x+3)=6x-5$	$4x-8=4(2x-1)$

Exercice 10

COMPLÈTE les suites de nombre

-6	12	-24	48		192

89	68	47	26	5	

-1	1		11	19	29

1	4	5	9		23

-12		52	84	116	148

	6	-18	54	-162	486

17	-10	-37		-91	-118

Exercice 11

DÉCOMPOSE les nombres suivants en facteurs premiers.

ÉCRIS ta réponse sous forme d'un produit de puissances de nombre premiers différents.

3500 =

900 =

693 =

4725 =

168 =

360 =

Exercice 12

Trois voitures font des tours de circuit. Une voiture rouge effectue un tour en 10 minutes, une voiture jaune en 9 minutes et une voiture verte en 0,25 heure. Ils ont démarré au même endroit et en même temps à 9h45.

DÉTERMINE l'heure à laquelle les voitures vont se retrouver à nouveau ensemble à leur point de départ.

ÉCRIS ton raisonnement et tous tes calculs.

Exercice 13

SITUE le point A d'abscisse : $\frac{3}{4}$

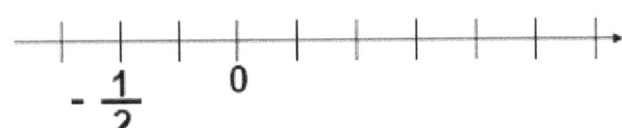

SITUE le point B d'abscisse : - 21

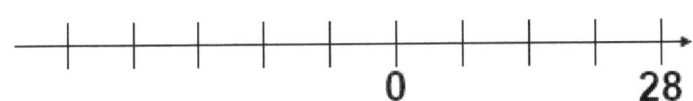

SITUE le point C d'abscisse : $-\frac{3}{8}$

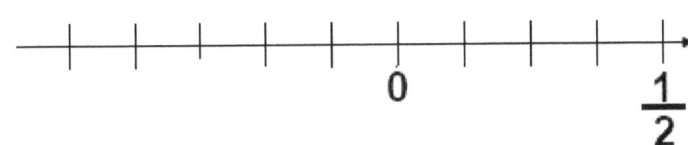

SITUE le point D d'abscisse : -2,8

SITUE le point E d'abscisse : 81

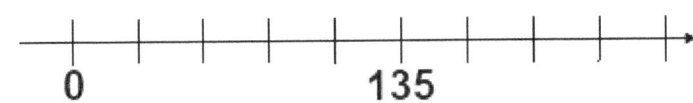

SITUE le point F d'abscisse : 0,08

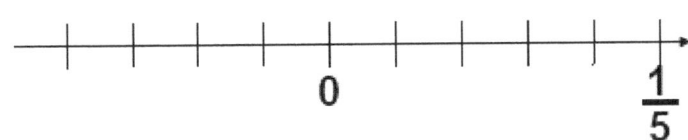

Exercice 14

Lors d'une sortie de prisonniers, l'organisation prévoit des gardiens pour escorter les prisonniers. Le directeur de la prison annonce ceci : « un gardien ouvre la route au convoi, un autre ferme la marche et chaque prisonnier est accompagné de deux gardiens, un de chaque côté. »

Légende
○ Gardien
● Prisonnier

CALCULE le nombre de gardiens qui escortent 9 prisonniers.

CALCULE le nombre de prisonniers que peuvent escorter 46 gardiens.

Exercice 15

500 voitures viennent faire le plein et sont réparti en fonction du carburant choisi : Diesel (B7), Essence (SP95), Essence hautes performances (SP98)

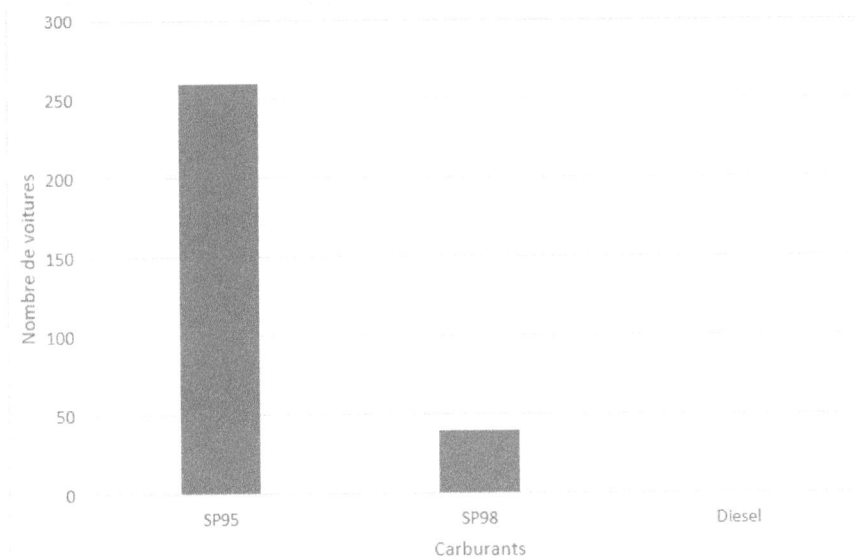

CONSTRUIS le bâtonnet qui représente le nombre de voitures qui consomment du diesel.
JUSTIFIE la hauteur de ce bâtonnet.

DÉTERMINE le pourcentage de voitures qui ont utilisent de l'essence hautes performances.

Exercice 16

Un fermier possède des vaches, des poules et de moutons pour un total de 105 animaux

Au total, il y a 3 poules en moins par rapport au nombre de vaches et les moutons sont 1 de plus que les vaches.

DÉTERMINE le nombre d'animaux de chaque type.
ÉCRIS ton raisonnement et tous tes calculs.

Exercice 17

Le périmètre d'un parallélogramme est égal à 102 m.
Sa longueur mesure 3 m de plus que sa largeur.
DÉTERMINE la longueur et la largeur de ce rectangle.
ÉCRIS tout ton raisonnement et tous tes calculs.
Périmètre = 2 x (longueur + largeur)

Longueur =   m
Largeur =   m

Exercice 18

ÉCRIS ces nombres en notation scientifique.

Nombre	Notation scientifique
3200	
10 000 000	
850	
420 000	
75 000	
5 000	
900	
860 000	
600 000 000	
78 000	
0,000 3	
0,000 000 8	
0,043	
0,000 000 07	
0,000 000 31	
0,0001	

Exercice 19

Un bateau se trouve à 150 m du quai et à 125 m à l'ouest du phare.

MARQUE en vert la position de ce bateau.

LAISSE tes constructions visibles.

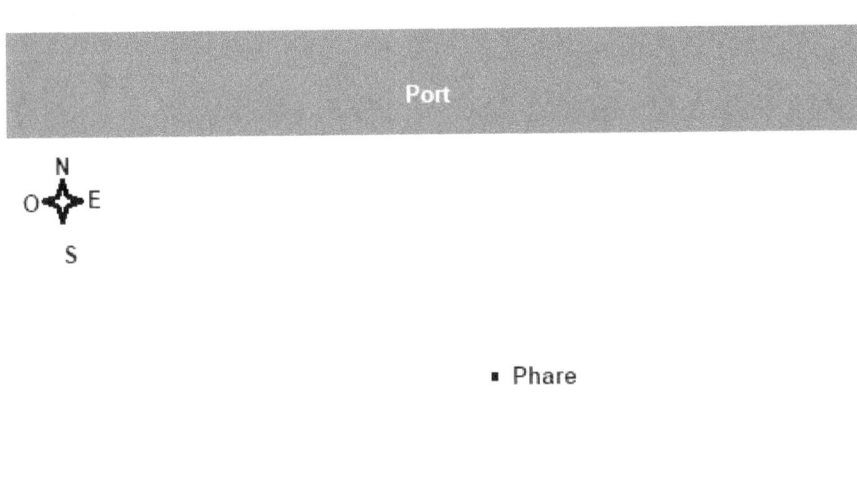

DÉTERMINE la distance de ce bateau par rapport à la bouée

Exercice 20

Trois agriculteurs parlent de leurs terrains,

Sébastien affirme que les côtés de son terrain triangulaire mesurent 150 m, 85 m et 350 m.

Gaëtan affirme que les côtés de son terrain triangulaire mesurent 130 m, 90 m et 200 m.

Michaël affirme que les côtés de son terrain triangulaire mesurent 40 m, 185 m et 220 m.

PRÉCISE quel agriculteur se trompe

JUSTIFIE pourquoi il se trompe.

Exercice 21

La figure ci-dessous est tracée à main levée.

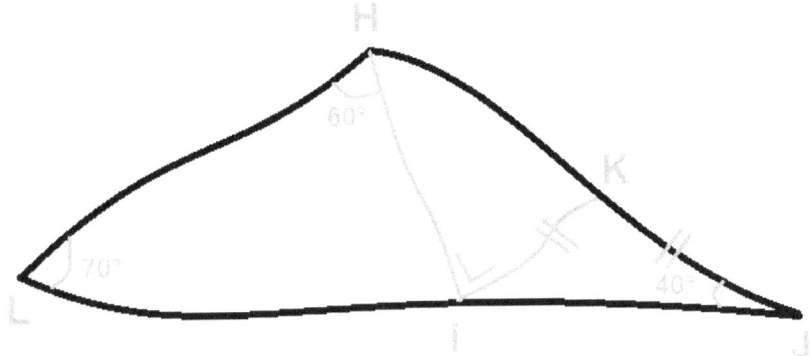

JUSTIFIE les affirmations suivantes :

$|\widehat{JKi}| = 40°$

$|\widehat{HiL}| = 50°$

Les points J, i , L sont alignés car

Exercice 22

ÉCRIS une expression littérale dans laquelle n représente un nombre entier

- d'un nombre pair :

- de trois nombres entiers consécutifs :

- d'un multiple de 4 augmenté de 3 :

- du double du carré d'un nombre entier :

- d'un nombre impair :

- d'un multiple de 7 diminué de 2 :

- du triple d'un nombre entier au cube :

- d'un multiple de 9 augmenté de 12 :

- d'un multiple de 6 augmenté de 1 :

- du quadruple du carré d'un nombre entier :

- d'un multiple de 5 diminué de 4 :

Exercice 23

CALCULE le PGCD de 112 et 48.

ÉCRIS tous tes calculs.

PGCD (112 ;48) =

CALCULE le PGCD de 72 et 54.

ÉCRIS tous tes calculs.

PGCD (72 ;54) =

Exercice 24

Trois balises Gps perdues en mer émettent un signal sonore à intervalles réguliers pour signaler leur présence aux bateaux. La première émet son signal toutes les 6 minutes, la deuxième toutes les 4 minutes, la troisième toutes les 9 minutes. À 8h20, les trois balises sonnent en même temps.

DÉTERMINE l'heure à laquelle elles sonneront à nouveau ensemble.

ÉCRIS ton raisonnement et tous tes calculs.

Exercice 25 — Calculatrice autorisée

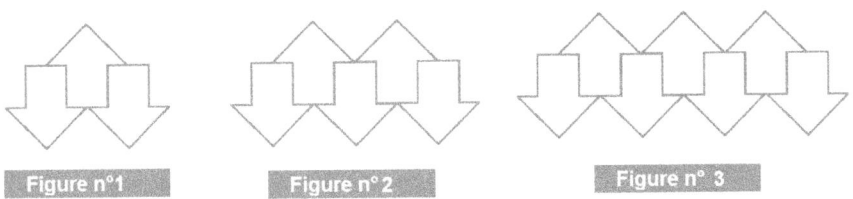

Figure n°1   Figure n°2   Figure n° 3

COMPLÈTE le tableau suivant

Figure n°	Nombre de segments de droite	Nombre de flèches
1		3
2		5
3		7
4		9
5		11
6		
7	(7 x 8) – 7 + 2x7 = 63	

Exercice 26   Calculatrice autorisée

ENTOURE les trois tableaux qui représentent des proportionnalités.

x	y
0	0
2	3
4	6
6	9
8	12

x	y
9	4,5
12	6
15	7,5
18	9
21	10,5

x	y
1	3,1
2	7,9
3	8,4
4	3
5	2,1

x	y
1	9
3	18
5	27
7	36

x	y
0	-4
2	-9
4	-36
6	-74

x	y
3	2
3	4
3	6
3	8

x	y
3	-9
6	-8,2
9	-7,9
12	-6,3
15	-5,7

x	y
9	4,5
19	6
75	7,5
112	9
365	10,5

x	y
17	10
22,1	13
30,6	18
35,7	21
85	50

Exercice 27 Calculatrice autorisée

Une péniche a une capacité totale de 30 000 tonnes.

Actuellement, elle est remplie aux $\dfrac{3}{5}$.

DÉTERMINE le pourcentage de remplissage de cette péniche après une livraison supplémentaire de 1 125 tonnes.

ÉCRIS ton raisonnement et tous tes calculs.

Exercice 28 — Calculatrice autorisée

Un jardinier amène de la terre pour combler 22 trous de 0,75 m³ chacun. Il prévoit 30 % de volume supplémentaire car la terre se tasse avec le temps.

CALCULE le volume de terre à amener.
ÉCRIS tous tes calculs.

Exercice 29 |Calculatrice autorisée|

Chez le boucher, quatre clients ont acheté de la viande hachée.

Le client n°1 a payé 8 € pour 250 g ;
Le client n°2 a payé 6 € pour 200 g ;
Le client n°3 a payé 4,80 € pour 150 g ;
Le client n°4 a payé 12,80 € pour 400 g.

Il y a une erreur pour l'une d'entre elles.

ENTOURE le client qui n'a pas payé le bon prix
Le client   n°1   n°2   n°3   n°4

ÉCRIS ton raisonnement.

Exercice 30 |Calculatrice autorisée|

A partir des axes gradués ci-dessous

ÉCRIS les coordonnées du point P.

Coordonnées de A :

SITUE le point B de coordonnées (4 ; 0,5).
SITUE le point C de coordonnées (–3 ; –2).
SITUE le point D de coordonnées (0 ; -3).

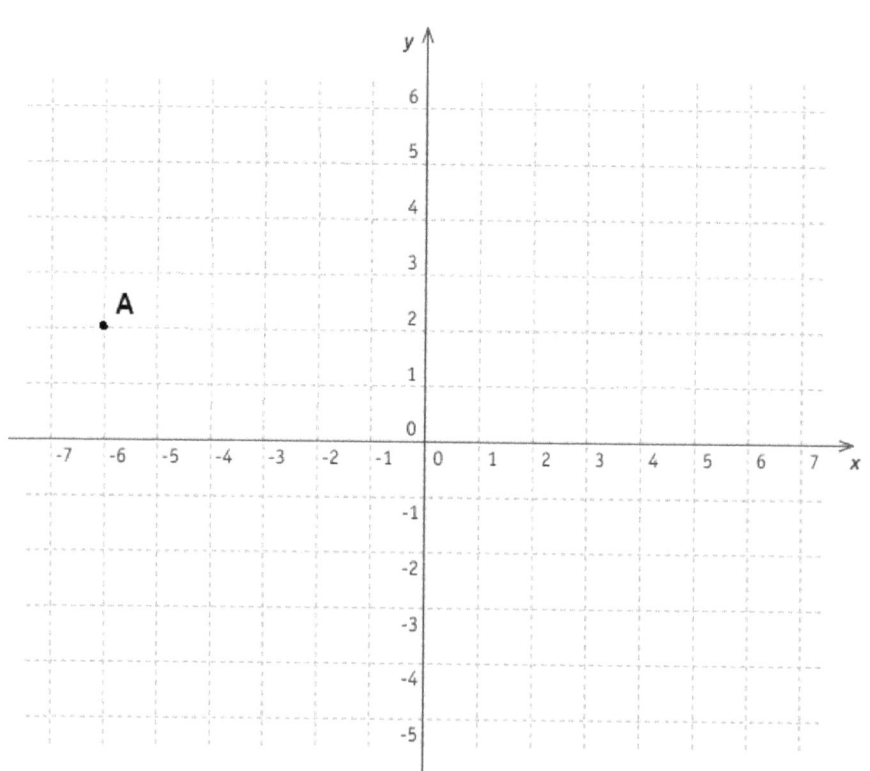

Exercice 31 |Calculatrice autorisée|

On a demandé à 36 000 personnes de choisir parmi trois hamburgers. Les résultats sont repris dans le tableau suivant.

Hamburger	Nombre de personnes
Boeuf	17 100
Poulet	8 100
Vegan	10 800

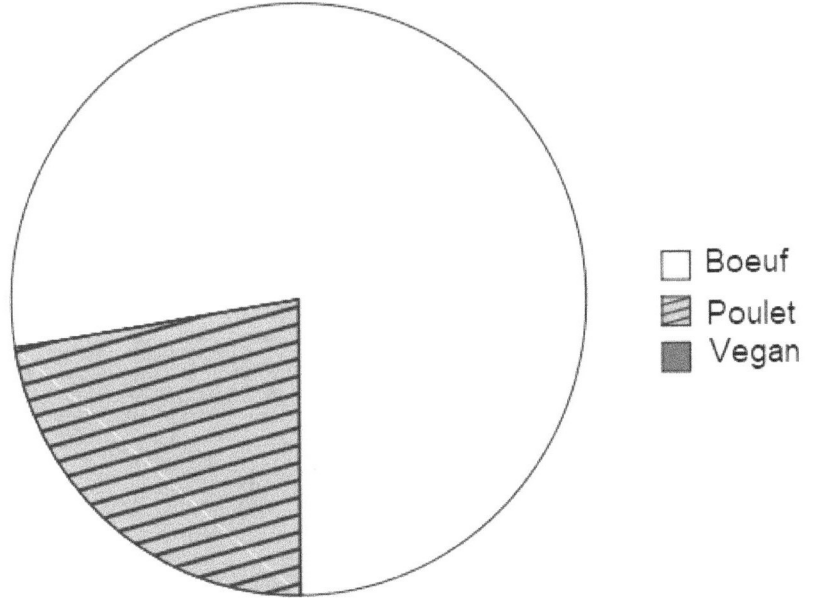

COMPLÈTE le diagramme circulaire qui représente cette situation.
ÉCRIS tous tes calculs.

Exercice 32   Calculatrice autorisée

HACHURE le quart du tiers de ce rectangle.

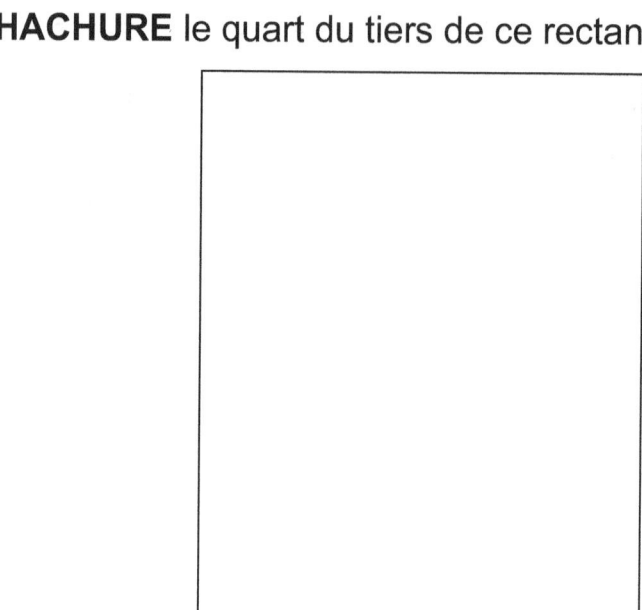

DÉTERMINE la fraction du rectangle qui n'est pas hachurée.

COMPLÈTE

Trois quart du tiers de ce rectangle est aussi égal à la moitié de .... de ce rectangle.

Exercice 33   Calculatrice autorisée

Sebastien, Armand et Gaetan commandent deux pizzas de taille identique : une fromage et une aux aubergines. La pizza au fromage est coupée en 8 morceaux et celle aux aubergines est coupée en 12 morceaux. Voici ce que chacun mange

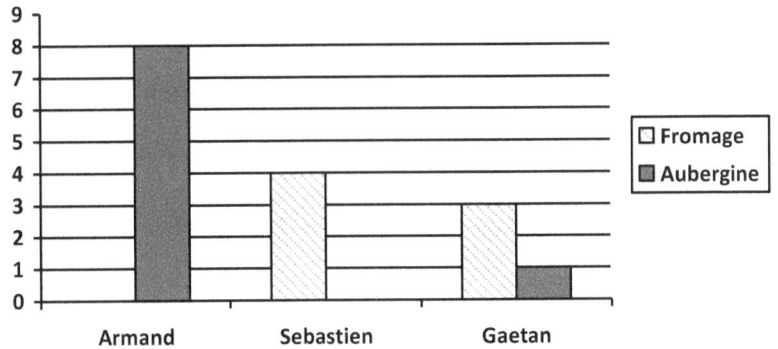

Ils regroupent les morceaux restants des deux pizzas pour les mettre au frigo.

DÉTERMINE si, au total, il reste plus d'une demi-pizza.

ÉCRIS tous tes calculs.

Exercice 34   Calculatrice autorisée

Julie vend des livres sur Amazon, 34 % des acheteurs lui ont mis des étoiles. 6 lui ont mis 5 étoiles, 9 lui ont mis 4 étoiles et 2 lui ont mis 1 étoile.

CALCULE le nombre total de livres vendus par Julie sur Amazon.

ÉCRIS ton raisonnement et tous tes calculs.

CALCULE le nombre moyen d'étoiles que son livre à obtenu sur Amazon.

ÉCRIS ton raisonnement et tous tes calculs.

Exercice 35   Calculatrice autorisée

Delphine souhaite faire de la zumba deux fois par semaine. Voici les deux tarifs proposés par une salle de sport.

Tarif 1 : 96 € d'abonnement et 8 € par cours.

Tarif 2 : 20 € par cours sans abonnement.

DÉTERMINE à partir de combien semaine (nombre entier) le tarif 1 est plus avantageux que le tarif 2.
ÉCRIS ton raisonnement et tous tes calculs.

DÉTERMINE le prix payé par Delphine après 12 semaines au tarif 1.

Exercice 36 |Calculatrice autorisée|

Ce graphique reprend les rentrées et sorties des élèves d'une école

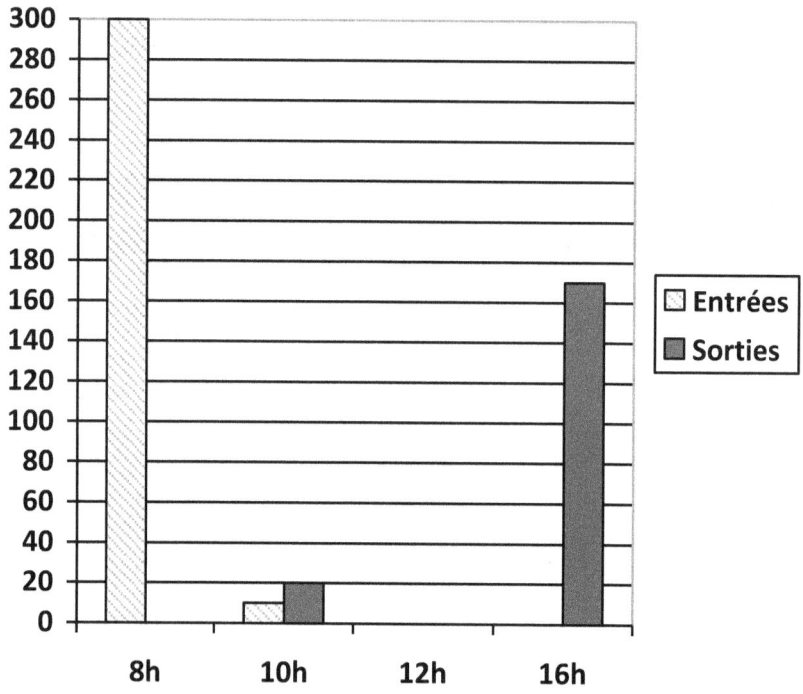

COMPLÈTE le graphique si tous les élèves sortent à 16h.

CALCULE le pourcentage d'élèves qui finissent leur journée à 12h.

Exercice 37 — Calculatrice autorisée

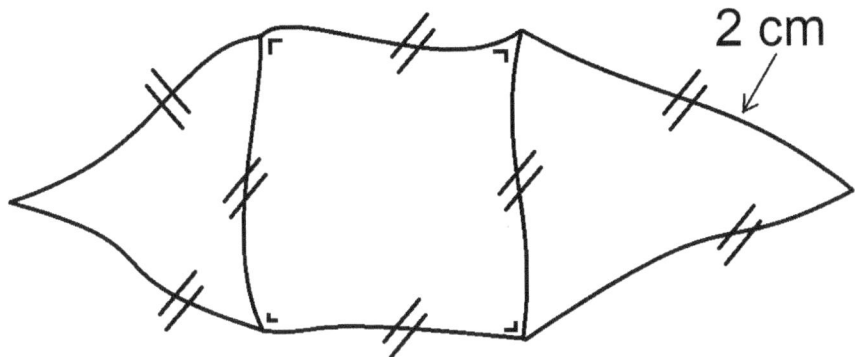

CONSTRUIS, en vraie grandeur, la figure ci-dessus.

CALCULE le périmètre de cette figure.

CALCULE la surface de cette figure.

Exercice 38 Calculatrice autorisée

Voici le nombre de client qui sont passés par la caisse d'un magasin entre 9 et 10h

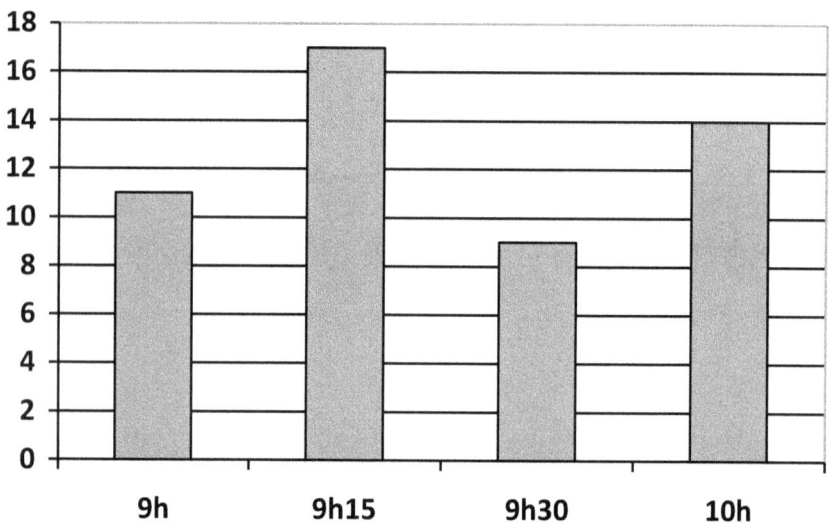

CALCULE le nombre total de clients passés en caisse.

COMPLÈTE le tableau de données

	9h	9h15	9h30	10h
Nombre de clients				

Exercice 39   Calculatrice autorisée

Un magasin propose les réductions suivantes :

   −20 % du total à l'achat de 2 articles

   −25 % du total à l'achat de 4 articles

   −30 % du total à l'achat de 5 articles

   −50 % du total à l'achat de 6 articles

Marisa achète deux paires de chaussures à 20 € la paire et quatre foulards à 10 € pièce.

Robert achète une paire de chaussures à 40 € et quatre t-shirt à 5 € pièce.

JUSTIFIE qui paye le moins.

ÉCRIS tous tes calculs.

Exercice 40   Calculatrice autorisée

| 24 | x | 35 | 29 | 20 |

DÉTERMINE la valeur de x pour que la moyenne de ces 5 nombres soit 26.
ÉCRIS tous tes calculs.

DÉTERMINE la valeur de x pour que la moyenne de ces 5 nombres soit 37.
ÉCRIS tous tes calculs.

Exercice 41 | Calculatrice autorisée

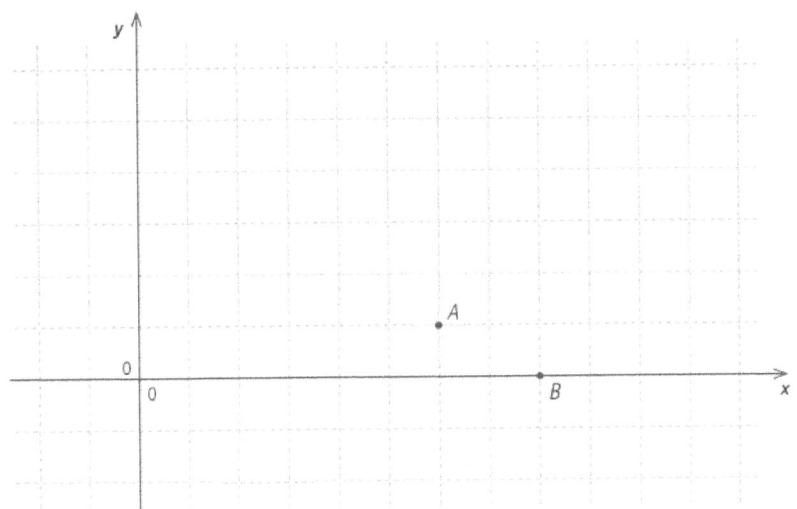

Le point A a pour coordonnées (12 ; 3).

DÉTERMINE les coordonnées du point B.

Coordonnées de B : (   )

SITUE le point C de coordonnées (4 ; - 6).

SITUE le point D de coordonnées (-4 ; 15).

SITUE le point E de coordonnées (20 ; 9).

Exercice 42 **Calculatrice autorisée**

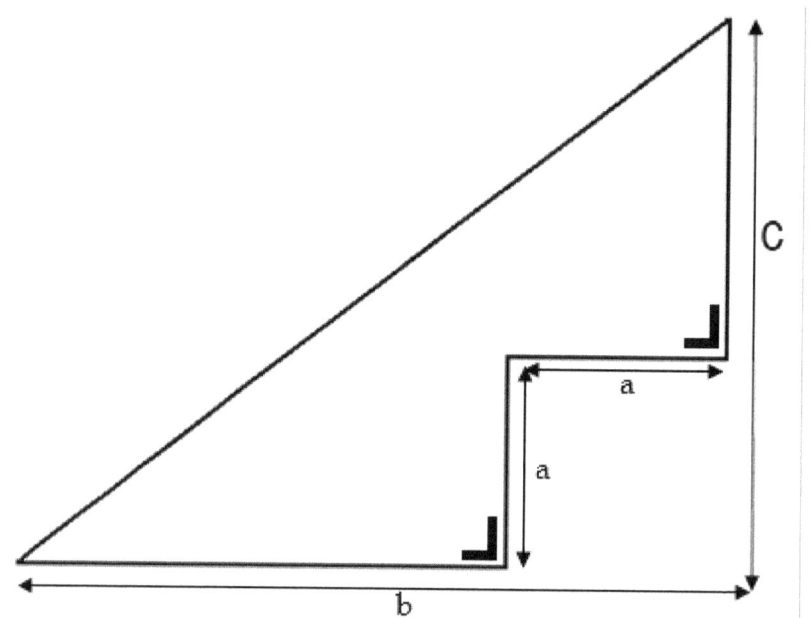

CALCULE la surface de cette figure si :

- $a = 9$ cm ;
- $b = 2a$
- $C = 13$ cm

Exercice 43 |Calculatrice autorisée|

Un marchand a acheté 250 melons au prix de 9€ pour 5 pièces. Il vend les 190 premiers au prix de 6€ pour 2 pièces. En fin de marché, il vend le reste au prix de 4€ pour 3 melons.

CALCULE le bénéfice réalisé par le vendeur.
ÉCRIS tous tes calculs.

Exercice 44   Calculatrice autorisée

Un adolescent a gagné 189 € pour tondre 18 pelouses.

COMPLÈTE le tableau de proportionnalité suivant relatif à cette situation.

Nombre de pelouses tondues	Argent gagné (en €)
	304,5
52	
77	
	997,5
	15 750

Si l'adolescent est taxé à 45% après avoir tondu 2 000 pelouses
CALCULE combien d'argent il reste à l'adolescent.

Exercice 45 — Calculatrice autorisée

Un groupe de 56 enfants accompagnés de 12 adultes vont au cinéma. Le lendemain, un deuxième groupe de 44 enfants accompagné de 18 adultes vont voir le même film dans la même salle.

Le prix d'une place « adulte » est de 9,5 €. L'école a payé le même montant pour les deux groupes.

CALCULE le prix d'une place « enfant ».
ÉCRIS ton raisonnement et tous tes calculs.

Exercice 46 — Calculatrice autorisée

Voici la formule permettant de calculer le prix d'une amende pour un excès de vitesse dans une zone 30.
$P = 70 + 10 \cdot (v - 30)$ où P est le prix de l'amende en € et v est la vitesse constatée en km/h.

Un conducteur roule à 48 km/h dans cette zone.
CALCULE le prix de l'amende de ce conducteur.

Une conductrice doit payer une amende de 360 € pour un excès de vitesse dans cette zone.

CALCULE la vitesse de sa voiture.
ÉCRIS tout ton raisonnement et tous tes calculs.

Exercice 47 Calculatrice autorisée

Lors d'une journée spéciale organisée dans une école, les élèves de deuxième année primaire sont répartis dans deux groupes :

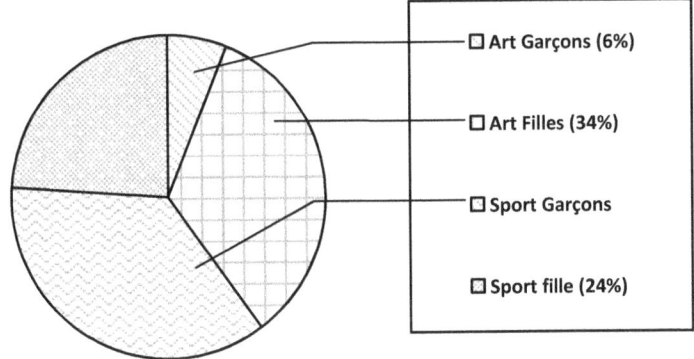

- le groupe « art » compte 20 élèves;
- le groupe « sport » compte 30 élèves.

CALCULE le nombre de garçons dans chaque groupe.

CALCULE le nombre total de filles de deuxième année.

Exercice 48 — Calculatrice autorisée

Ce diagramme représente les pointures des chaussures vendue en une journée dans un magasin de sport.

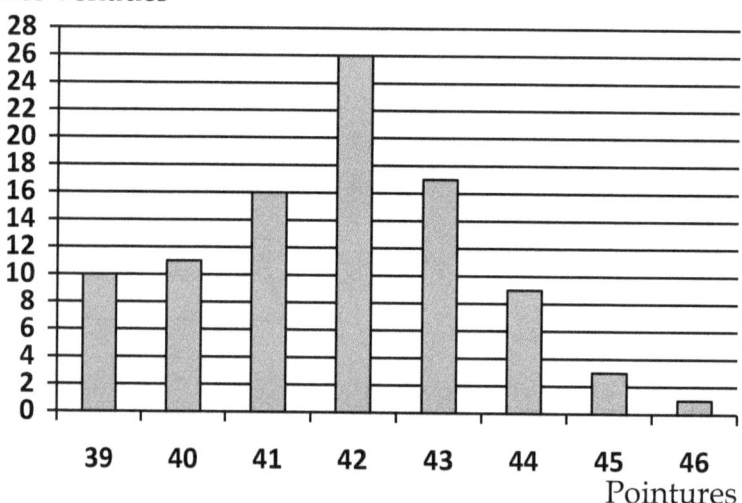

ÉCRIS le nombre de clients qui chaussent du 40 :

ÉCRIS le nombre total de paires de chaussures vendues :

ÉCRIS le nombre de clients qui chaussent au plus du 41 :

ÉCRIS le nombre d'élèves qui chaussent plus de 44 :

Exercice 49 Calculatrice autorisée

Elise fait une randonnée à vélo de 225 km en trois jours.

Le 2e jour, elle roule 25 km de plus que le 1er jour.

Le 3e jour, elle roule le double de kilomètres parcourus le 2e jour.

DÉTERMINE la distance parcourue le 1er jour.

ÉCRIS tout ton raisonnement et tous tes calculs.

Exercice 50 Calculatrice autorisée

Les axes x et y du graphique ci-dessous ont été effacés.

TRACE ces axes (droites, sens et noms) à partir des informations suivantes :
- les axes sont situés sur le quadrillage ;
- le point A est situé sur un de ces axes ;
- seulement deux points ont des ordonnées positives
- seulement trois points ont des abscisses négatives.

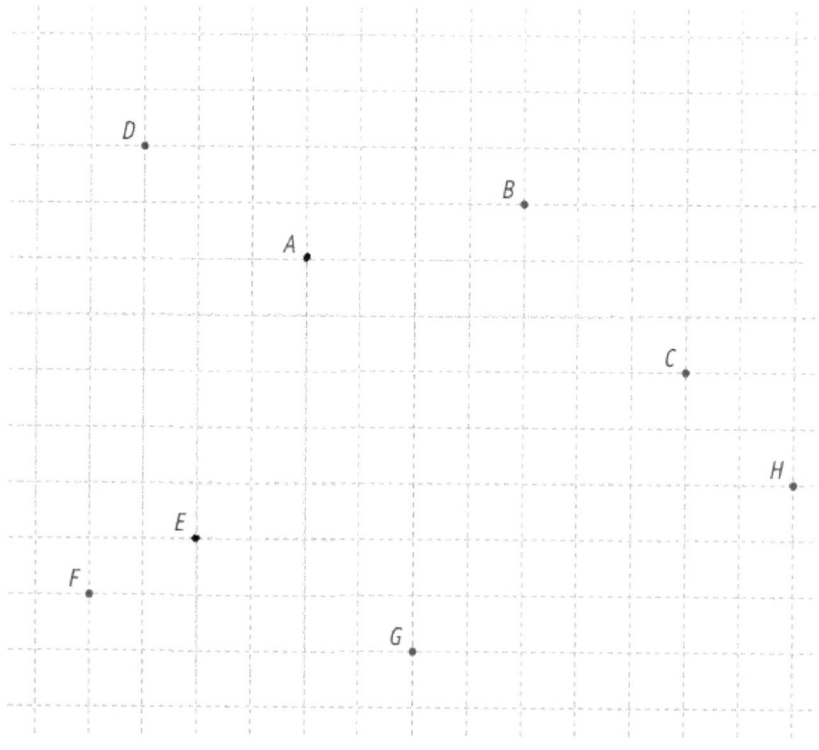

Correction des exercices

Exercice 1
CALCULE

$4^2 + 4 \times 5^2 = $ 42 + 4 × 25 = 42 + 100 = 142

$(3^2 : 4) \times 3 = $ 8 × 3 = 24

$(4-7)^3 + 2 = $ (-3)³ + 2 = -27 + 2 = -25

$(28 : 2) \times (5 - 3) = $ 28 : 2 × 2 = 28

$3^3 - 4 \times 2^3 = $ 33 - 4 × 8 = 33 - 32 = 1

$4^6 - 5 \times 2^3 = $ 46 - 5 × 8 = 46 - 40 = 6

$4 \times (5-8)^2 + 5 = $ 4 × (-3)² + 5 = 4 × 9 + 5 = 36 + 5 = 41

$4^2 : 3 \times 2 = $ 14 × 2 = 28

$(-4)^3 - (-2)^4 = $ -64 + 16 = -48

$2^2 + 3 \times 7^2 = $ 22 + 3 × 49 = 22 + 147 = 169

Exercice 2
ORDONNE les nombre ci-dessous en les classant du plus petit au plus grand

$\frac{1}{5}$	-8	0,3	$-\frac{3}{2}$	$-8 < -\frac{3}{2} < \frac{1}{5} < 0,3$
12	3^3	-2^3	-5^2	$-2^3 < 12 < -5^2 < 3^3$
0,5	$\frac{1}{4}$	$-\frac{2}{6}$	-0,2	$-\frac{2}{6} < -0,2 < \frac{1}{4} < 0,5$
$\frac{6}{4}$	$-\frac{9}{2}$	$\frac{3}{5}$	$-\frac{3}{4}$	$-\frac{9}{2} < -\frac{3}{4} < \frac{3}{5} < \frac{6}{4}$
2^5	4^2	3^4	7^2	$4^2 < 2^5 < 7^2 < 3^4$

Exercice 3

ÉCRIS l'exposant sur les pointillés.

$(h^2)^3 = h^{...}$

$h^3 \times h^{...} = h^8$

$(2^3)^5 = 2^{...}$

$5^2 \times 18^3 = 90^{...}$

$6^8 : 6^3 = 6^{...}$

$5^{12} \times 5^3 = 5^{...}$

$(5-8)^{12} \times (5-8)^7 = (5-8)^{...}$

$(42^2)^4 = 42^{...}$

$(-4)^{13} : (-4)^4 = (-4)^{...}$

$7^7 \times 7^2 = 7^{...}$

Exercice 4

ENCADRE $\dfrac{13}{5}$ par deux nombres entiers consécutifs.

$$2 < \dfrac{13}{5} < 3$$

ENCADRE $\dfrac{7}{4}$ par deux nombres entiers consécutifs.

$$1 < \dfrac{7}{4} < 2$$

ENCADRE $\dfrac{8}{9}$ par deux nombres entiers consécutifs.

$$0 < \dfrac{8}{9} < 1$$

ENCADRE $\dfrac{28}{6}$ par deux nombres entiers consécutifs.

$$4 < \dfrac{28}{6} < 5$$

ENCADRE $\dfrac{13}{2}$ par deux nombres entiers consécutifs.

$$6 < \dfrac{13}{2} < 7$$

Exercice 5

Catherine laisse tourner son moteur de voiture et mesure la température à certains moments

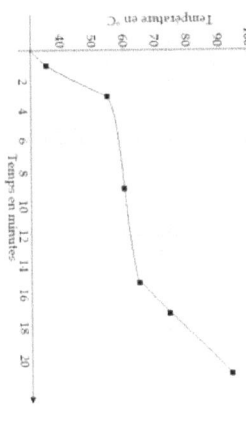

COMPLÈTE le tableau suivant

Temps	Température du moteur
9 minute	70°C
0.25 heure	35°C

La température est-elle proportionnelle à la durée d'utilisation du moteur ?

ENTOURE : Oui (Non)

JUSTIFIE ta réponse

Le graphique ne comprend pas de demi droite comprenant l'origine

Exercice 6

CALCULE en écrivant toutes les étapes

ÉCRIS ta réponse sous la forme d'une fraction irréductible.

$$\frac{-4}{5} - \frac{1}{3} = \frac{-12}{15} - \frac{5}{15} = \frac{-17}{15}$$

$$-\frac{2}{7} \times \frac{-42}{6} = -\frac{2}{7_1} \times \frac{-42^6}{6} = \frac{2 \times 6}{6} = 2$$

$$\frac{6}{7} \times \frac{2}{3} = \frac{^{26}}{7} \times \frac{2}{3_1} = \frac{4}{7}$$

$$\frac{-4}{9} + \frac{3}{5} = \frac{-20 + 27}{45} = \frac{7}{45}$$

$$\frac{7}{3} - \frac{12}{4} = \frac{7}{3} - \frac{12^3}{4_1} = \frac{7-9}{3} = \frac{-2}{3}$$

Exercice 7

EFFECTUE les opérations suivantes et, si possible, **RÉDUIS** les termes semblables.

$a^2 + 12a^2 =$ **13a²**

$-7u \cdot (u - 5) =$ **-7u² + 35u**

$-3z - 8k - z + 5k =$ **-3k - 4z**

$(3h - 2) \cdot (3h + 2) =$ **9h² - 4**

$a - (a - 5) =$ **a-a+5 = 5**

$(t - 6)^2 =$ **t² -12t+36**

$3p \cdot 8p^2 =$ **24p³**

$3 \cdot (8 + m) + 6m =$ **24+3m+6m= 24+9m**

$4a^2 + 5m + (3a \cdot a) + 2 =$ **7a²+5m+2**

$4t \cdot (-t + 2) =$ **-4t² + 8t**

Exercice 8

Sur la figure ci-dessous :

TRACE le triangle JUS isocèle rectangle en J.
TRACE la droite d parallèle au segment [UJ] passant par le point S.
TRACE la hauteur h relative à l'hypoténuse.
NOMME M le point d'intersection des droites h et d.
TRACE le cercle dont [JM] est le diamètre.

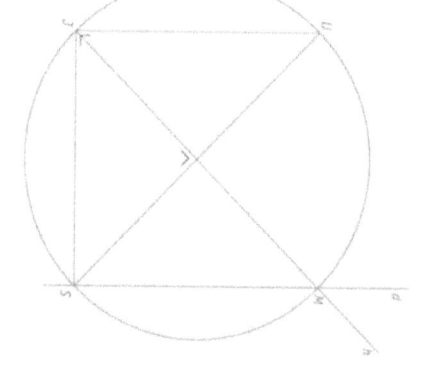

Exercice 9

RÉSOUS les équations en écrivant les étapes.

$3(x-4)+5=6$ $3x-12+5=6$ $3x=13$ $x=\frac{13}{3}$	$3x-11=29+23x$ $-40=20x$ $\frac{-40}{20}=x$ $x=-2$
$2x-1=5(x+2)$ $2x-1=5x+10$ $-11=3x$ $x=\frac{-11}{3}$	$2x-2=13+12x$ $-10x=15$ $x=-\frac{15}{10}$ $x=-\frac{3}{2}$
$2-(x+3)=6x-5$ $2-x+3=6x-5$ $5-x=6x-5$ $10=7x$ $x=\frac{10}{7}$	$4x-8=4(2x-1)$ $4x-8=8x-4$ $-4=4x$ $x=-\frac{4}{4}$ $x=-1$

Exercice 10

COMPLÈTE les suites de nombre

-6	12	-24	48	**-96**	192
89	68	47	26	5	**-16**
-1	1	**5**	11	19	29
1	4	5	9	**14**	23
-12		**20**	52	84	116	148
	6	-18	54	-162	486
2	-10	-37	**-64**	-91	-118
17					

Exercice 11

DÉCOMPOSE les nombres suivants en facteurs premiers.
ÉCRIS ta réponse sous forme d'un produit de puissances de nombre premiers différents.

3500 = **$2^2 \times 5^3 \times 7$**

900 = **$2^2 \times 3^2 \times 5^2$**

693 = **$3^2 \times 7 \times 11$**

4725 = **$3^3 \times 5^2 \times 7$**

168 = **$2^3 \times 3 \times 7$**

360 = **$2^3 \times 3^2 \times 5$**

Exercice 12

Trois voitures font des tours de circuit. Une voiture rouge effectue un tour en 10 minutes, une voiture jaune en 9 minutes et une voiture verte en 0,25 heure. Ils ont démarré au même endroit et en même temps à 9h45.

DÉTERMINE l'heure à laquelle les voitures vont se retrouver à nouveau ensemble à leur point de départ.
ÉCRIS ton raisonnement et tous tes calculs.

0,25 heure = 15 minutes

9 = 3^2 10 = 2 × 5   15 = 3 × 5

PPCM (9 ; 10 ; 15) = 2 × 3^2 × 5 = 90

9h45 + 90 minutes = 11h15

Exercice 13

SITUE le point A d'abscisse : $\frac{3}{4}$

```
—+——+——+——+——+——+——+—
-½      0            A
```

SITUE le point B d'abscisse : -21

```
—+——+——+——+——+——+——+—
B       0            28
```

SITUE le point C d'abscisse : $-\frac{3}{8}$

```
—+——+——+——+——+——+——+—
C       0            ½
```

SITUE le point D d'abscisse : -2,8

```
—+——+——+——+——+——+——+—
D  -2   0            ½
```

SITUE le point E d'abscisse : 81

```
—+——+——+——+——+——+——+—
0       E            135
```

SITUE le point F d'abscisse : 0,08

```
—+——+——+——+——+——+——+—
0       F            ⅕
```

Exercice 14

Lors d'une sortie de prisonniers, l'organisation prévoit des gardiens pour escorter les prisonniers. Le directeur de la prison annonce ceci : « un gardien ouvre la route au convoi, un autre ferme la marche et chaque prisonnier est accompagné de deux gardiens, un de chaque côté. »

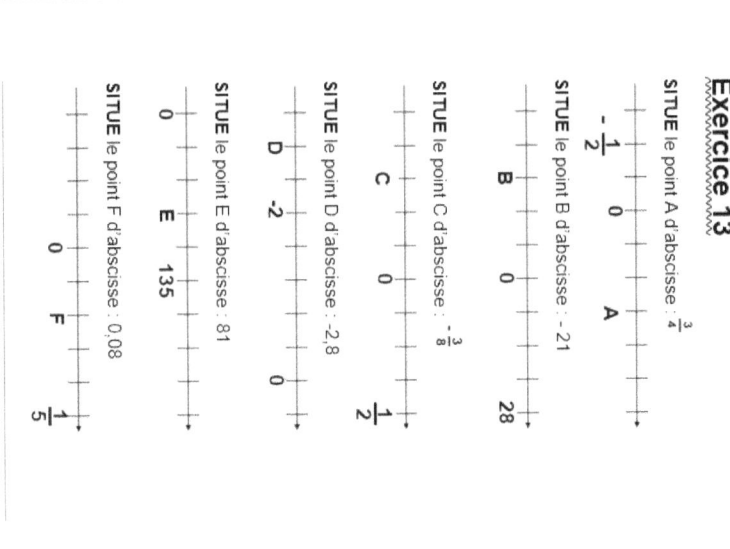

○ **Gardien**
● **Prisonnier**
Légende

CALCULE le nombre de gardiens qui escortent 9 prisonniers.

(2 x 9) + 2 = 20 gardiens

CALCULE le nombre de prisonniers que peuvent escorter 46 gardiens.

(46 – 2) : 2 = 22

Exercice 15

500 voitures viennent faire le plein et sont réparties en fonction du carburant choisi : Diesel (B7), Essence (SP95), Essence hautes performances (SP98).

CONSTRUIS le bâtonnet qui représente le nombre de voitures qui consomment du diesel.

JUSTIFIE la hauteur de ce bâtonnet.
500-260-40 = 200

DÉTERMINE le pourcentage de voitures qui ont utilisent de l'essence hautes performances.
40 : 500 = 0,08 x 100 = 8

Donc 8% des voitures utilise du SP98

Exercice 16

Un fermier possède des vaches, des poules et de moutons pour un total de 105 animaux. Au total, il y a 3 poules en moins par rapport au nombre de vaches et les moutons sont 1 de plus que les vaches.

DÉTERMINE le nombre d'animaux de chaque type.

ÉCRIS ton raisonnement et tous tes calculs.

Soit x le nombre de vache

x + (x − 3) + (x + 1) = 106

3x − 2 = 106

3x = 108

x = 36

Il y a donc 36 vaches, 33 poules et 37 moutons.

Exercice 17

Le périmètre d'un parallélogramme est égal à 102 m.
Sa longueur mesure 3 m de plus que sa largeur.
DÉTERMINE la longueur et la largeur de ce rectangle.
ÉCRIS tout ton raisonnement et tous tes calculs.

Périmètre = 2 × (longueur + largeur)

Le périmètre est de 102 m
La largeur n'est pas connue, soit x
La longueur est égale à la largeur +3 donc x + 3

102 = 2 · (x + 3 + x)
102 = 2 · (2x + 3)
102 = 4x + 6
102 − 6 = 4x
96 = 4x
x = 96 : 4
x = 24

Longueur = 24 + 3 = 27 m
Largeur = 24 m

Exercice 18

ÉCRIS ces nombres en notation scientifique

3200	$3{,}2 \times 10^3$
10 000 000	1×10^7
850	$8{,}5 \times 10^2$
420 000	$4{,}2 \times 10^5$
75 000	$7{,}5 \times 10^4$
5 000	5×10^3
900	9×10^2
860 000	$8{,}6 \times 10^5$
600 000 000	3×10^8
78 000	$7{,}8 \times 10^4$
0,000 3	3×10^{-4}
0,000 000 8	8×10^{-7}
0,043	$4{,}3 \times 10^{-2}$
0,000 000 07	7×10^{-8}
0,000 000 31	$3{,}1 \times 10^{-7}$
0,0001	1×10^{-4}

Exercice 19

Un bateau se trouve à 150 m du quai et à 125 m à l'ouest du phare.

MARQUE en vert la position de ce bateau.

LAISSE tes constructions visibles.

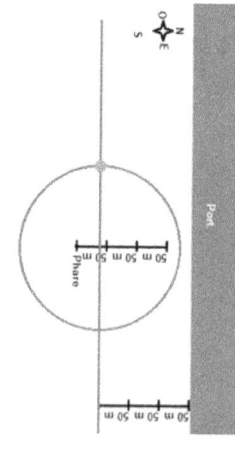

DÉTERMINE la distance de ce bateau par rapport à la bouée.

La bouée est à 268 m du bateau

Exercice 20

Trois agriculteurs parlent de leurs terrains.

Sébastien affirme que les côtés de son terrain triangulaire mesurent 150 m, 85 m et 350 m.

Gaëtan affirme que les côtés de son terrain triangulaire mesurent 130 m, 90 m et 200 m.

Michaël affirme que les côtés de son terrain triangulaire mesurent 40 m, 185 m et 220 m.

PRÉCISE quel agriculteur se trompe. Sébastien

JUSTIFIE pourquoi il se trompe.

Inégalité triangulaire : 150 + 85 = 235 < 350

Exercice 21

La figure ci-dessous est tracée à main levée

JUSTIFIE les affirmations suivantes :

$|\widehat{JKi}| = 40°$ car les angles à la base d'un triangle isocèle ont même amplitude

$|\widehat{HiL}| = 50°$ car la somme des angles d'un triangle est égale à 180° alors 180 − (60 + 70) = 50°

Les points J, i, L sont alignés car
$|\widehat{JKi}| + |\widehat{i}\widehat{HiL}| + |\widehat{KiH}| = 40° + 90° + 50° = 180°$

Exercice 22

ÉCRIS une expression littérale dans laquelle n représente un nombre entier

- d'un nombre pair : **2n**
- de trois nombres entiers consécutifs : **n-1, n, n+1**
- d'un multiple de 4 augmenté de 3 : **4n + 3**
- du double du carré d'un nombre entier : **2n²**
- d'un nombre impair : **2n - 1**
- d'un multiple de 7 diminué de 2 : **7n-2**
- du triple d'un nombre entier au cube : **3n³**
- d'un multiple de 9 augmenté de 12 : **9n + 12**
- d'un multiple de 6 augmenté de 1 : **6n + 1**
- du quadruple du carré d'un nombre entier : **4n²**
- d'un multiple de 5 diminué de 4 : **5n - 4**

Exercice 23

CALCULE le PGCD de 112 et 48.

ÉCRIS tous tes calculs.

112	2
56	2
28	2
14	2
7	7
1	

48	2
24	2
12	2
6	2
3	3
1	

$112 = 2^4 \times 7$ $48 = 2^4 \times 3$

Prendre uniquement les facteurs communs

PGCD (112 ; 48) = $2^4 = 16$

CALCULE le PGCD de 72 et 54.

ÉCRIS tous tes calculs.

72	2
36	2
18	2
9	3
3	3
1	

54	2
27	3
9	3
3	3
1	

$72 = 2^3 \times 3^2$ $54 = 2 \times 3^3$

Prendre uniquement les facteurs communs

PGCD (72 ; 54) = $2 \times 3^2 = 18$

Exercice 24

Trois balises Gps perdue en mer émettent un signal sonore à intervalles réguliers pour signaler leur présence aux bateaux. La première émet son signal toutes les 6 minutes, le deuxième toutes les 4 minutes, le troisième toutes les 9 minutes. À 8h20, les trois balises sonnent en même temps.

DÉTERMINE l'heure à laquelle elles sonneront à nouveau ensemble.

ÉCRIS ton raisonnement et tous tes calculs.

$4 = 2^2$ $6 = 2.3$ $9 = 3^2$

Prendre tous les facteurs avec le plus grand exposant

PPCM (4,6,9) = $2^2 . 3^2 = 4 . 9 = 36$

Elles sonneront à nouveau ensemble toutes les 36 minutes

8h20 + 36 minutes

Elles sonneront ensemble à 8h56

Exercice 25 — Calculatrice autorisée

Figure n°1   Figure n°2   Figure n°3

COMPLÈTE le tableau suivant

Figure n°	Nombre de segments de droite	Nombre de flèches
1	(7 × 2) − 1 + 2×1 = **15**	3
2	(7 × 3) − 2 + 2×2 = **23**	5
3	(7 × 4) − 3 + 2×3 = **31**	7
4	(7 × 5) − 4 + 2×4 = **39**	9
5	(7 × 6) − 5 + 2×5 = **47**	11
6	(7 × 7) − 6 + 2×6 = **55**	**13**
7	(7 × 8) − 7 + 2×7 = 63	**15**

Exercice 26 — Calculatrice autorisée

ENTOURE les trois tableaux qui représentent des proportionnalités.

x	y
0	0
2	3
4	6
6	9
8	12

x	y
9	4,5
12	6
15	7,5
18	9
21	10,5

x	y
1	3,1
2	7,9
3	8,4
4	3
5	2,1

x	y
1	9
3	18
5	27
7	36

x	y
0	−4
2	−9
4	−36
6	−74

x	y
3	3
3	6
3	8

x	y
3	−9
6	−8,2
9	−7,9
12	−6,3
15	−5,7

x	y
9	4,5
19	6
75	7,5
112	9
365	10,5

x	y
17	10
22,1	13
30,6	18
35,7	21
85	50

Exercice 27 — Calculatrice autorisée

Une péniche a une capacité totale de 30 000 tonnes.

Actuellement, elle est remplie aux $\frac{3}{5}$.

DÉTERMINE le pourcentage de remplissage de cette péniche après une livraison supplémentaire de 1 125 tonnes.

ÉCRIS ton raisonnement et tous tes calculs.

30 000 . 3 : 5 = 90 000 : 5 = 18 000 tonnes
18 000 + 1 125 = 19 125 tonnes
19 125 : 30 000 = 0,6375
Taux de remplissage : 63,75%

Exercice 28 — Calculatrice autorisée

Un jardinier amène de la terre pour combler 22 trous de 0,75 m³ chacun. Il prévoit 30 % de volume supplémentaire car la terre se tasse avec le temps.

CALCULE le volume de terre à amener.

ÉCRIS tous tes calculs.

22 . 0,75 = 16,5 m³
Ajoutons-y 30%
16,5 . 1,3 = 21,45 m³

Exercice 29 — Calculatrice autorisée

Chez le boucher, quatre clients ont acheté de la viande hachée.

Le client n°1 a payé 8 € pour 250 g ;
Le client n°2 a payé 6 € pour 200 g ;
Le client n°3 a payé 4,80 € pour 150 g,
Le client n°4 a payé 12,80 € pour 400 g.

Il y a une erreur pour l'une d'entre elles.

ENTOURE le client qui n'a pas payé le bon prix

Le client   n°1   **n°2**   n°3   n°4

ÉCRIS ton raisonnement.

Calculons le prix pour 100g.
Le client n°1 a payé 3,2 € pour 100 g.
Le client n°2 a payé 3 € pour 100 g.
Le client n°3 a payé 3,2 € pour 100 g.
Le client n°4 a payé 3,2 € pour 400 g.

Exercice 30 — Calculatrice autorisée

A partir des axes gradués ci-dessous

ÉCRIS les coordonnées du point P.

Coordonnées de A : **(-6 ; 2)**

SITUE le point B de coordonnées (4 ; 0,5).
SITUE le point C de coordonnées (–3 ; –2).
SITUE le point D de coordonnées (0 ; -3).

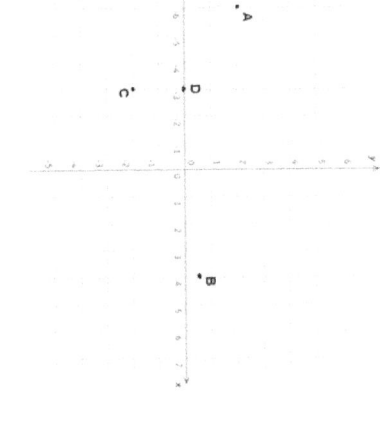

Exercice 31 — Calculatrice autorisée

On a demandé à 36 000 personnes de choisir parmi trois hamburgers. Les résultats sont repris dans le tableau suivant.

Hamburger	Nombre de personnes
Boeuf	17 100
Poulet	8 100
Vegan	10 800

COMPLÈTE le diagramme circulaire qui représente cette situation.

ÉCRIS tous tes calculs.

Si 360° = 36 000 personnes alors 100 = 1°

Exercice 32 — Calculatrice autorisée

HACHURE le quart du tiers de ce rectangle.

DÉTERMINE la fraction du rectangle qui n'est pas hachurée.

Le rectangle est divisé en 3 puis en 4 il y a donc 3 × 4 morceaux. Donc 12 morceaux de rectangle si j'en hachure 1, il en reste 11.

La fraction du rectangle qui n'est pas hachurée est de 11/12.

COMPLÈTE

Trois quart du tiers de ce rectangle est aussi égal à la moitié de **La moitier** ce rectangle.

Exercice 33 — Calculatrice autorisée

Sebastien, Armand et Gaetan commandent deux pizzas de taille identique : une fromage et une aux aubergines. La pizza au fromage est coupée en 8 morceaux et celle aux aubergines est coupée en 12 morceaux. Voici ce que chacun mange

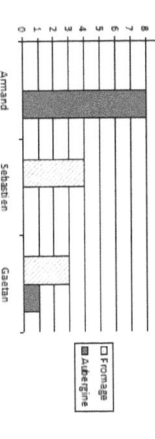

DÉTERMINE si, au total, il reste plus d'une demi-pizza.

Ils regroupent les morceaux restants des deux pizzas pour les mettre au frigo.

ÉCRIS tous tes calculs.

	Au départ	Mangés	Reste
Fromage	8 parts	4 + 3 = 7	1/8
Aubergine	12 parts	1 + 8 = 9	3/12
Il reste moins d'une demi-pizza il en reste 3/8 (9/24)		3/24	6/24

Exercice 34 — Calculatrice autorisée

Julie vend des livres sur Amazon. 34 % des acheteurs lui ont mis des étoiles. 6 lui ont mis 5 étoiles, 9 lui ont mis 4 étoiles et 2 lui ont mis 1 étoile.

CALCULE le nombre total de livres vendus par Julie sur Amazon.

ÉCRIS ton raisonnement et tous tes calculs.

- 6 + 9+ 2 = 17
- 17 acheteurs représentent 34%
- (17 : 34) x 100 = 50
- Alice a vendu 50 livres

CALCULE le nombre moyen d'étoiles que son livre a obtenu sur Amazon.

ÉCRIS ton raisonnement et tous tes calculs.

- 6 x 5 étoiles = 30 étoiles
- 9 x 4 étoiles = 36 étoiles
- 2 x 1 étoile = 2 étoiles
- Nombre d'étoiles maximum possible = 17 x 5 = 85
- Nombre d'étoiles obtenues = 30 + 36 +2 = 68
- Moyenne d'étoile 68/85 donc 4 sur 5 étoiles.

Exercice 35 — Calculatrice autorisée

Delphine souhaite faire de la zumba deux fois par semaine. Voici les deux tarifs proposés par une salle de sport.

Tarif 1 : 96 € d'abonnement et 8 € par cours.
Tarif 2 : 20 € par cours sans abonnement.

DÉTERMINE à partir de combien semaine (nombre entier) le tarif 1 est plus avantageux que le tarif 2.
ÉCRIS ton raisonnement et tous tes calculs.

96 + 8x = 20x (Si x = un cours)
8 = x
96 = 12x

Le tarif 1 est plus avantageux que le tarif 2 à partir de 8 cours. A raison de 2 cours par semaine, Le tarif 1 est plus avantageux que le tarif 2 à partir de 4 semaines.

DÉTERMINE le prix payé par Delphine après 12 semaines au tarif 1.

96 + (12 x 2) x 8
96 + 24 x 8
96 + 192 = 288 €

Exercice 36 — Calculatrice autorisée

Ce graphique reprend les rentrées et sorties des élèves d'une école

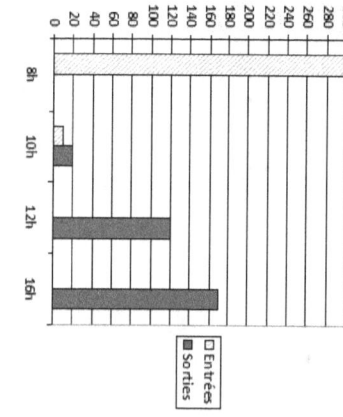

COMPLÈTE le graphique si tous les élèves sortent à 16h.
CALCULE le pourcentage d'élèves qui finissent leur journée à 12h.

120 : (300 + 10) x 100 = 38,7 %

Exercice 37 — Calculatrice autorisée

CONSTRUIS, en vraie grandeur, la figure ci-dessus.

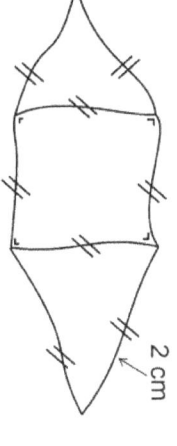

CALCULE le périmètre de cette figure.

6 x 2 = 12 cm

CALCULE la surface de cette figure.

2 x 2 + 2 x 2 = 8cm²

Exercice 38 — Calculatrice autorisée

Voici le nombre de client qui sont passés par la caisse d'un magasin entre 9 et 10h.

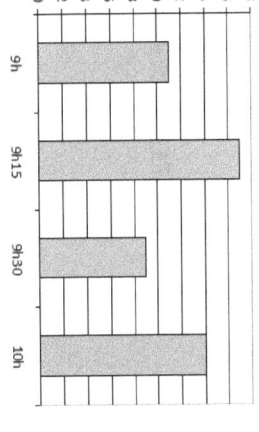

CALCULE le nombre total de clients passés en caisse.

11 + 17 + 9 + 14 = 51 clients

COMPLÈTE le tableau de données

	9h	9h15	9h30	10h
Nombre de clients				

Exercice 39 — Calculatrice autorisée

Un magasin propose les réductions suivantes :
- −20 % du total à l'achat de 2 articles
- −25 % du total à l'achat de 4 articles
- −30 % du total à l'achat de 5 articles
- −50 % du total à l'achat de 6 articles

Marisa achète deux paires de chaussures à 20 € la paire et quatre foulards à 10 € pièce.
Robert achète une paire de chaussures à 40 € et quatre t-shirt à 5 € pièce.

JUSTIFIE qui paye le moins.
ÉCRIS tous tes calculs.

Marisa doit payer (20 × 2) + (4 × 10) = 80€
Avec 6 articles elle a droit à -50% donc elle paye 40€

Robert doit payer 40 + (4 × 5) = 60€
Avec 5 articles il a droit à -30% donc il paye 42€

Exercice 40 — Calculatrice autorisée

| 24 | x | 35 | 29 | 20 |

DÉTERMINE la valeur de x pour que la moyenne de ces 5 nombres soit 26.
ÉCRIS tous tes calculs.

(24 + x + 35 + 29 + 20) : 5 = 26
(108 + x) : 5 = 26
108 + x = 26 . 5
108 + x = 130
x = 130 − 108
x = 22

DÉTERMINE la valeur de x pour que la moyenne de ces 5 nombres soit 37.
ÉCRIS tous tes calculs.

(24 + x + 35 + 29 + 20) : 5 = 37
(108 + x) : 5 = 37
108 + x = 37 . 5
108 + x = 185
x = 185 − 108
x = 77

Exercice 41 — Calculatrice autorisée

Le point A a pour coordonnées (12 ; 3).

DÉTERMINE les coordonnées du point B.

Coordonnées de B : (**16 ; 0**)

SITUE le point C de coordonnées (4 ; -6).

SITUE le point D de coordonnées (-4 ; 15).

SITUE le point E de coordonnées (20 ; 9).

Exercice 42 — Calculatrice autorisée

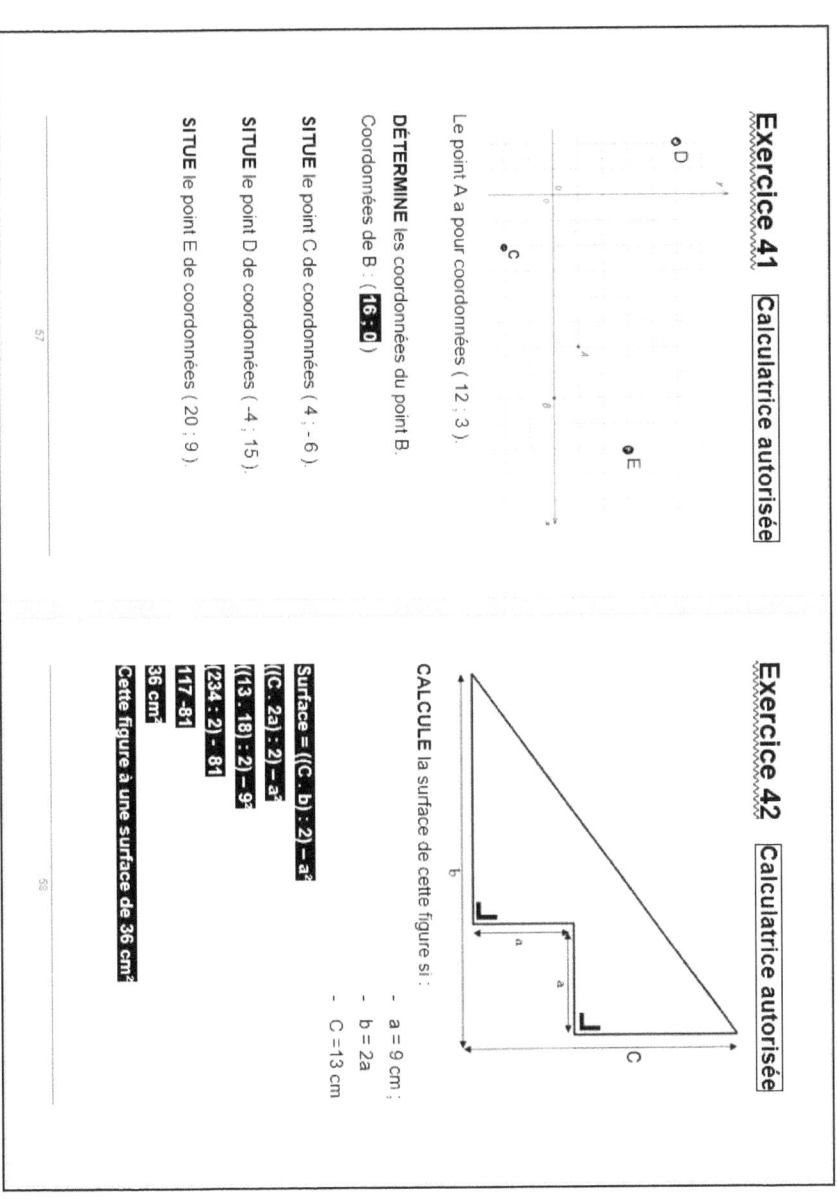

CALCULE la surface de cette figure si :
- $a = 9$ cm ;
- $b = 2a$
- $c = 13$ cm

Surface = ((C . b) : 2) − a²
((C . 2) : 2) − a²
((13 . 18) : 2) − 9²
(234 : 2) − 81
117 − 81
36 cm²

Cette figure a une surface de 36 cm²

Exercice 43 — Calculatrice autorisée

Un marchand a acheté 250 melons au prix de 9€ pour 5 pièces. Il vend les 190 premiers au prix de 6€ pour 2 pièces. En fin de marché, il vend le reste au prix de 4€ pour 3 melons.

CALCULE le bénéfice réalisé par le vendeur.

ÉCRIS tous tes calculs.

| Prix d'achat = (250 : 5) × 9€ = 450 € |
| Prix des 190 premiers melons vendus : (190 : 2) × 6€ = 570 € |
| Prix du reste |
| 250 − 190 = 60 melons restants |
| 60 : 3 = 20 |
| 20 × 4€ = 80€ |
| Prix de vente : 80€ + 570€ = 650€ |
| Bénéfices = prix de vente − prix d'achat = 650€ − 450€ = 200€ |

Exercice 44 — Calculatrice autorisée

Un adolescent a gagné 189 € pour tondre 18 pelouses.

COMPLÈTE le tableau de proportionnalité suivant relatif à cette situation.

Nombre de pelouses tondues	Argent gagné (en €)
29	304,5
52	546
77	808,5
95	997,5
1 500	15 750

Si l'adolescent est taxé à 45% après avoir tondu 2 000 pelouses

CALCULE combien d'argent il reste à l'adolescent.

2000 × 10,5€ = 21 000 × 0,55 = 11 550 €

Exercice 45 — Calculatrice autorisée

Un groupe de 56 enfants accompagnés de 12 adultes vont au cinéma. Le lendemain, un deuxième groupe de 44 enfants accompagné de 18 adultes vont voir le même film dans la même salle.

Le prix d'une place « adulte » est de 9,5 €. L'école a payé le même montant pour les deux groupes.

CALCULE le prix d'une place « enfant ».

ÉCRIS ton raisonnement et tous tes calculs.

$56x + 12 \cdot 9{,}5 = 44x + 18 \cdot 9{,}5$
$56x + 114 = 44x + 171$
$56x - 44x = 171 - 114$
$12x = 57$
$x = 57 : 12$
$x = 4{,}75$

Une place enfant coûte 4,75€

Exercice 46 — Calculatrice autorisée

Voici la formule permettant de calculer le prix d'une amende pour un excès de vitesse dans une zone 30.
$P = 70 + 10 \cdot (v - 30)$ où P est le prix de l'amende en € et v est la vitesse constatée en km/h.

Un conducteur roule à 48 km/h dans cette zone.

CALCULE le prix de l'amende de ce conducteur.

$P = 70 + 10 \cdot (48 - 30)$
$P = 70 + 10 \cdot 18$
$P = 70 + 180$
$P = 250$ €

Le conducteur doit payer une amende de 250 €

Une conductrice doit payer une amende de 360 € pour un excès de vitesse dans cette zone.

CALCULE la vitesse de sa voiture.

ÉCRIS tout ton raisonnement et tous tes calculs.

$360 = 70 + 10 \cdot (v - 30)$
$360 = 70 + 10v - 300$
$360 = 10v - 230$
$590 = 10v$
$v = 590 : 10 = 59$

La conductrice avait une vitesse de 59 km/h

Exercice 47 — Calculatrice autorisée

Lors d'une journée spéciale organisée dans une école, les élèves de deuxième année primaire sont répartis dans deux groupes :

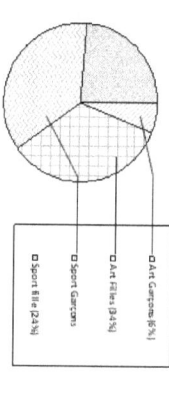

- Art Garçons (6%)
- Art Filles (34%)
- Sport Garçons
- Sport fille (24%)

- le groupe « art » compte 20 élèves ;
- le groupe « sport » compte 30 élèves.

CALCULE le nombre de garçons dans chaque groupe.

Groupe « Art » = 6% de 50 élèves = 3 élèves
Groupe « sport » = 36% de 50 élèves = 18 élèves

CALCULE le nombre total de filles de deuxième année.

50 − 3 − 18 = 29

Il y a 29 filles en deuxième année primaire

Exercice 48 — Calculatrice autorisée

Ce diagramme représente les pointures des chaussures vendue en une journée dans un magasin de sport.

Paires vendues

[Diagramme en barres : pointures 39 à 46]

ÉCRIS le nombre de clients qui chaussent du 40 : **11**

ÉCRIS le nombre total de paires de chaussures vendues : **93**

ÉCRIS le nombre de clients qui chaussent au plus du 41 : **37**

ÉCRIS le nombre d'élèves qui chaussent plus de 44 :

Exercice 49 — Calculatrice autorisée

Elise fait une randonnée à vélo de 225 km en trois jours.

Le 2e jour, elle roule 25 km de plus que le 1er jour.
Le 3e jour, elle roule le double de kilomètres parcourus le 2e jour.

DÉTERMINE la distance parcourue le 1er jour.
ÉCRIS tout ton raisonnement et tous tes calculs.

Soit x la distance parcourue le premier jour.
$x + x + 25 + 2 \cdot (x + 25) = 225$
$x + x + 25 + 2x + 50 = 225$
$4x + 75 = 225$
$4x = 225 - 75$
$4x = 150$
$x = 150 : 4$
$x = 37{,}5$

La distance parcourue le premier jour est de 37,5 km.

Exercice 50 — Calculatrice autorisée

Les axes x et y du graphique ci-dessous ont été effacés.

TRACE ces axes (droites, sens et noms) à partir des informations suivantes :

- les axes sont situés sur le quadrillage ;
- le point A est situé sur un de ces axes ;
- seulement deux points ont des ordonnées positives ;
- seulement trois points ont des abscisses négatives.

Sommaire

Dans la même collection 3

Introduction 5

Les compétences spécifiques aux mathématiques dans le 1e degré 7

Sommaire 14

À faire sans Calculatrice

Exercice 1 17
Exercice 2 18
Exercice 3 19
Exercice 4 20
Exercice 5 21
Exercice 6 22
Exercice 7 23
Exercice 8 24
Exercice 9 25
Exercice 10 26
Exercice 11 27
Exercice 12 28
Exercice 13 29
Exercice 14 30
Exercice 15 31
Exercice 16 32
Exercice 17 33
Exercice 18 34
Exercice 19 35
Exercice 20 36
Exercice 21 37
Exercice 22 38
Exercice 23 39
Exercice 24 40

Calculatrice autorisée

Exercice 25	Calculatrice autorisée	41
Exercice 26	Calculatrice autorisée	42
Exercice 27	Calculatrice autorisée	43
Exercice 28	Calculatrice autorisée	44
Exercice 29	Calculatrice autorisée	45
Exercice 30	Calculatrice autorisée	46
Exercice 31	Calculatrice autorisée	47
Exercice 32	Calculatrice autorisée	48
Exercice 33	Calculatrice autorisée	49
Exercice 34	Calculatrice autorisée	50
Exercice 35	Calculatrice autorisée	51
Exercice 36	Calculatrice autorisée	52
Exercice 37	Calculatrice autorisée	53
Exercice 38	Calculatrice autorisée	54
Exercice 39	Calculatrice autorisée	55
Exercice 40	Calculatrice autorisée	56
Exercice 41	Calculatrice autorisée	57
Exercice 42	Calculatrice autorisée	58
Exercice 43	Calculatrice autorisée	59
Exercice 44	Calculatrice autorisée	60
Exercice 45	Calculatrice autorisée	61
Exercice 46	Calculatrice autorisée	62
Exercice 47	Calculatrice autorisée	63
Exercice 48	Calculatrice autorisée	64
Exercice 49	Calculatrice autorisée	65
Exercice 50	Calculatrice autorisée	66
Correction des exercices		69

Dans la même collection

CE1D Sciences: ÉTUDIER EN S'AMUSANT édition 2021

Exercices de CE1D sciences à faire pendant les vacances: Un cahier de remédiations, de dépassement et de consolidations.

CE1D mathématiques: Exercices de mathématiques à faire pendant les vacances

Le CE1D Sciences avec succès : notions de théorie: Tous les mots-clefs expliqués simplement pour réussir son examen

CE1D mathématiques: Exercices de mathématiques qui font peur à faire pour Halloween.

Le livre pour s'entrainer aux conversions d'unités: Volume, surface, distance et masse

Livres conçus par Albert Ycopin
avec les conseils de Armand Alberico

© 2022 Albert Ycopin.
6010 Charleroi, Belgique

www.ingramcontent.com/pod-product-compliance
Lightning Source LLC
Chambersburg PA
CBHW070809220526
45466CB00002B/607